DU DRAINAGE.

EXTRAIT D'UN RAPPORT

PUBLIÉ PAR

LA SOCIÉTÉ D'AGRICULTURE, SCIENCES ET ARTS

DE MEAUX,

SUR

UN VOYAGE AGRONOMIQUE
en Angleterre et en Écosse.

MEAUX.

IMPRIMERIE DE A. DUBOIS.

1853.

DU DRAINAGE.

DU DRAINAGE.

EXTRAIT D'UN RAPPORT

PUBLIÉ PAR

LA SOCIÉTÉ D'AGRICULTURE, SCIENCES ET ARTS

DE MEAUX,

SUR

UN VOYAGE AGRONOMIQUE

en Angleterre et en Écosse.

MEAUX.

IMPRIMERIE DE A. DUBOIS.

1853.

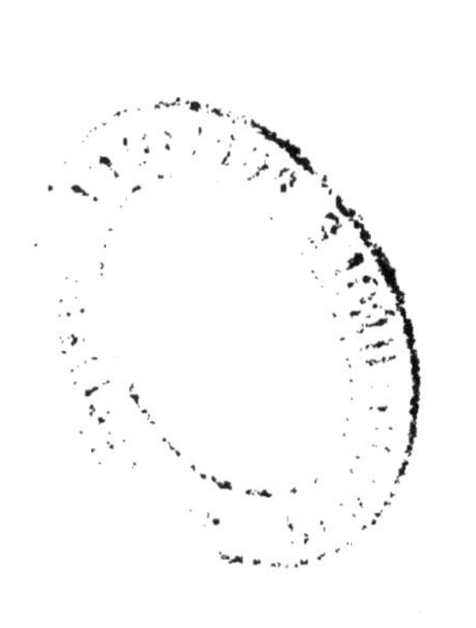

DU DRAINAGE.

L'assainissement des terrains, au moyen de fossés couverts, n'est pas une chose nouvelle; depuis des siècles, cette opération est parfaitement connue, quoiqu'elle n'ait pas été mise en usage sur une large échelle. Il est à regretter que les habiles cultivateurs anglais qui ont renouvelé cette pratique des Grecs, aient cru devoir en changer le nom. Le néologisme peut être une cause de succès pour les choses futiles; il ne l'est jamais pour les affaires sérieuses, et nous sommes convaincu que si le mot *drainage*, qui ne dit rien à l'esprit, n'eût pas été substitué par les Anglais aux termes clairs et précis d'*égouttement* ou d'*assainissement*, nous serions, à cet égard, à une moins grande distance de nos voisins.

La plus simple comparaison pourra faire saisir l'opération en elle-même. Nous puiserons cette similitude dans les grands travaux d'*égouts* qui se poursuivent en ce moment à Paris et qui constituent un véritable drainage particulier à la Capitale. La Seine est le grand fossé de décharge; les chemins voûtés, qui s'étendront sur une ligne parallèle en suivant la rue de Rivoli et les voies qui la continuent, représentent les maîtres drains : les anciens égouts, les drains aboutissants ou collecteurs, en y comprenant les ruisseaux des rues, des trottoirs, et jusqu'aux tuyaux de conduite des gouttières et aux plombs qui sont les petites drilles accessoires et de première alimentation.

Il n'est qu'une différence sensible entre ce drainage et celui des champs : c'est que, au lieu du sous-sol, c'est le sol même, formé par le pavé de Paris, qui se trouve être immédiatement imperméable. Mais laissons Paris « salir et nettoyer ensuite sa place, » selon la pittoresque expression de M. CHEVREUL, et arrivons à nos contrées agricoles, si mal partagées, du moins en ce qui touche les applications de la science, et qui, par le défaut d'écoulement ou de filtration des eaux, sont, en partie, stériles et pestilentielles.

La moyenne des eaux de pluie qui tombent dans l'espace d'une année sur la surface du globe, est évaluée approximativement à 0^m 65 de hauteur. Or, que deviennent ces eaux ? Ou elles traversent le sol, ou elles se maintiennent plus ou moins complètement à sa surface. Dans le premier cas, en s'infiltrant à travers le sol, l'eau y dépose des principes fertilisants, à peine soupçonnés jusqu'aux récents travaux de M. BARRAL. Ce savant chimiste vient de démontrer qu'elles enrichissent la surface d'un hectare de plus de 30 kilog. d'azote : or, il n'en faut que 45 environ pour une bonne fumure ordinaire. Cette précieuse découverte, on le voit, est de nature à jeter un grand jour sur le rôle de la jachère. Il y a donc, dans cette première condition, un profit considérable pour les terrains. Mais si l'eau séjourne, au contraire, à la surface ; s'il n'existe pas de pente marquée, ou si, même avec une pente, l'eau se trouve circonvenue dans les mailles argileuses d'un sous-sol qui la boit et la conserve comme une éponge ; non-seulement ces terres seront le plus souvent inabordables, les chevaux et les équipages s'y enfonceront avec grand dommage ; mais encore, si une circonstance favorable permet de façonner et d'ensemencer, le grain y pourrira, lèvera mal ou ne donnera qu'un produit étique et défectueux.

L'évaporation causée par la chaleur solaire est, dans ce cas, l'unique ressource du propriétaire. Triste ressource !

car cette chaleur, employée, comme on dit vulgairement, à pomper l'eau, ne se communiquera en aucune façon aux jeunes plantes, qui se trouveront alors dans les plus mauvaises conditions imaginables.

La terre, ainsi *noyée*, se repose forcément; elle ne peut ni respirer, ni se réchauffer, ni rien produire, que la stérilité ou la mort; en effet, les matières fertilisantes que toutes les eaux de pluie recèlent, que les petits courants et les sources charrient, et qui, conservées par un mécanisme ingénieux, pourraient entretenir et porter la vie sur la surface du sol, deviennent ici des éléments destructeurs. Ces eaux, qui s'accumulent tous les ans, ne tardent pas à se corrompre, et cela d'autant plus vite, que l'évaporation de chaque jour, les privant par une sorte de distillation naturelle, de leur partie saine, elles ne peuvent manquer de s'échauffer, d'entrer en fermentation, en décomposition, et de produire ces émanations de gaz délétère où les maladies endémiques vont souvent chercher leur cause et leur développement.

Que faudrait-il pour régénérer ces terres maudites, les assainir et les féconder? Créer pour le sol ce que Dieu a créé pour l'homme : *un appareil circulatoire et un appareil respiratoire*. Cet appareil se forme à l'aide de veines artificielles, représentées par des tuyaux en terre cuite, de deux à trois centimètres de diamètre, *aboutés* les uns aux autres et placés au fond d'une même tranchée recouverte. Il ne faut alors qu'un peu de méthode et de soin pour réussir.

En général, toute pièce de terre a une pente qu'il faut s'étudier à reconnaître. On creuse ensuite de petits fossés, de 0^{m} 80 à 1^{m} 20, parallèles entre eux, et qui viennent aboutir à un fossé plus spacieux, ouvert sur le point le plus bas du sol. Ce fossé doit avoir une pente qui conduit en dehors des champs. Sa mission est de dégorger les eaux qu'il a reçues. De petits tuyaux sont, à cet effet, placés bout à bout dans le fond, de manière à former un réseau dont toutes les branches ont entre elles une parfaite communication.

Le résultat de ces soins est facile à comprendre et à expliquer. L'eau qui séjournait sur une couche imperméable, rencontrant de petits conduits ouverts, s'y achemine naturellement, et si les pentes sont bien prises et bien établies, le trop plein de la pièce ne tarde pas à suivre le même chemin. Il suffit, pour écarter toute crainte sur l'efficacité du procédé, de se rappeler combien l'eau a de peine à se maintenir dans un lit artificiel ; avec quelle facilité elle arrive à se créer une fuite, à travers laquelle elle tend constamment à se précipiter, en vertu des lois d'équilibre qui régissent les liquides. On concevra aisément alors que ces petits *aqueducs souterrains* puissent rapidement donner à la terre l'appareil circulatoire dont elle a besoin.

Cette modification, par une conséquence nécessaire, communique immédiatement au sol la faculté de remplir une fonction nouvelle pour lui, la respiration. En effet, la terre, dégagée d'eaux surabondantes, se fendille, s'allége, se délite d'autant mieux, qu'elle contient fréquemment une forte quantité d'argile marneuse. Elle se trouve désormais à l'abri des submersions ; la chaleur la pénètre ; elle amasse du calorique au lieu d'en dépenser, et les éléments qui étaient restés inutiles ou dangereux deviennent ainsi une cause de salubrité, de fécondation et d'abondance.

Du reste, si les idées justes, les procédés utiles ne reçoivent que lentement, en France, leur droit de bourgeoisie ; si l'on est toujours enclin à confondre les rêveries du charlatanisme et les combinaisons nouvelles de l'expérience, les premières défiances une fois vaincues, on va vite dans l'étude, l'analyse et la naturalisation. Le drainage a subi cette loi commune. La vogue l'avait repoussé sans examen, la science l'a accueilli sous réserve d'épreuves. Des hommes éminents s'en préoccupent. M. Barral, dans la première partie d'un travail qu'édite le *Journal d'Agriculture pra-*

tique, a cité avec raison les paroles de M. MARTINELLI, président du comice agricole de Nérac ; paroles simples, saisissantes et vraies : « Prenez ce pot de fleurs, a dit M. MARTINELLI ; pourquoi ce petit trou au fond? Je vous demande cela, parce qu'il y a toute une révolution dans ce petit trou. Il permet le renouvellement de l'eau, l'évacuant à mesure ; et pourquoi renouveler l'eau? parce qu'elle donne la vie ou la mort : la vie, lorsqu'elle ne fait que traverser la couche de terre à laquelle elle abandonne les principes fécondants qu'elle porte avec elle, rendant ainsi solubles les aliments qui sont destinés à nourrir la plante ; la mort, au contraire, lorsqu'elle séjourne dans le pot, car elle ne tarde pas à se corrompre et à pourrir les racines ; elle empêche d'ailleurs l'eau nouvelle d'y pénétrer. Le drainage n'a pas une autre destination ; il est appelé à faire, pour la fécondation des champs, ce que fait ce petit trou pour la motte de terre du pot de fleurs. »

Comment obtient-on un fromage au moyen du lait caillé? en drainant ce fromage, c'est-à-dire en l'enfermant dans un moule, ouvert à sa partie inférieure, afin de laisser passer le petit lait. Sans cette précaution salutaire, ce petit lait ferait au fromage tout le mal que l'eau sans écoulement fait à la terre et à la plante qu'on lui confie.

Les grands et les petits fossés des forêts et des bois, ceux qui sont placés entre chaque pied d'arbre, des deux côtés des routes, sur les terrains en pente, dans les prés trop humides, les sangsues, les saignées, tout cet ensemble de moyens appartient au drainage; seulement, ce drainage-là, au lieu d'être caché, est *à ciel ouvert*. Cette circonstance, qui en certains cas n'a pas d'importance, a une gravité considérable en fait de culture. Une telle disposition fait perdre du terrain ; elle en rend l'approche difficile. Les animaux dégradent ces fossés, les herbes y poussent, les taupes les détériorent, les orages les creusent ; les petites pluies les comblent ; l'entretien en est fort onéreux et finit par devenir plus cher que le drainage proprement dit. Nous en avons pour exemple les sacrifices que nous avons dû faire dans notre ferme de Villeroy, pour l'établissement de sangsues, de saignées, de fossés blancs, de fossés verts, etc. Ces sacrifices ont approché sensiblement de ceux que nous aurions eu à supporter pour établir primitivement une bonne pierrée et les drainages nécessaires.

La possibilité du drainage étant établie et son utilité démontrée, il s'agit de traduire en chiffres les conséquences de l'opération. Une des grandes objections faites a été celle de savoir si le drainage était durable. Il n'y a plus, à cet égard, de doute aujourd'hui. Dans toutes les fermes du Royaume-Uni nous avons trouvé des preuves de la durée, de la conservation et de l'avantage hors ligne du drainage. Enfin, une découverte récente a démontré, d'une manière irrécusable, qu'il existe prés de Maubeuge un drainage parfaitement conservé, établi à l'aide de tuyaux en terre et vieux déjà de plusieurs siècles, ce qui, par parenthèse, sert à constater que la France, bien longtemps avant l'Angleterre, avait emprunté cette méthode à la Grèce antique. Nous

Tuyau de drainage trouvé à Maubeuge, remontant vers 1620.

avons vu plusieurs de ces tuyaux à l'exposition du congrès des agriculteurs du Nord, à Valenciennes, en 1852.

On peut dire que le drainage coûte, en général, de 100 fr. à 500 fr. l'hectare; nous en avons vu dernièrement dont le prix ne s'est élevé qu'à 140 fr., et qui se trouvait établi dans des conditions trés-satisfaisantes. C'est dans la ferme dite des *Corbins*, appartenant aux hospices de Paris, et cultivée par notre collègue M. Dufour. Les hospices se chargent de fournir le capital de l'entreprise, qui montera à 12,000 fr. pour 300 hectares, et le fermier se contentera d'accroître son prix de location de 4 p. %. Il serait à souhaiter que tous les propriétaires fissent de même avec leurs tenanciers.

Chez M. le baron DE ROTHSCHILD, pour lequel la question du drainage est une sérieuse préoccupation, le prix de revient se trouve plus élevé, mais les conditions ne sont pas les mêmes que chez M. DUFOUR. Les difficultés y sont plus grandes et les drains plus rapprochés.

Si la théorie seule plaidait la cause du drainage, en supputant les chances et le profit, on pourrait se prémunir contre des évaluations et des aperçus que l'expérience n'aurait pas consacrés. Il n'en est pas ainsi pour nous, et nos convictions ont des démonstrations pratiques pour base. Les fermiers d'Ecosse nous ont assuré et prouvé par leur comptabilité, que les frais de l'établissement d'un drainage primitif avaient été régulièrement couverts, après six années, par une augmentation de produits de plus de 15 p. %. sur les années précédentes. On peut voir, sans aller si loin, sur les terres de l'ex-institut national agronomique de Versailles, un ancien pré tourbeux dont les précédents fermiers n'avaient pu tirer aucun parti, et qui, drainé seulement depuis l'année dernière, est actuellement dans un bon état de culture. Nous voulons seulement conclure de ces faits, qu'avec de la persévérance dans les applications et de la suite dans les idées, on parviendra promptement à fertiliser nos terres incultes, tout en les assainissant. Ce sera une conquête heureuse. Que les grands propriétaires se mettent ou demeurent à la tête du mouvement, et le progrès s'accomplira avec moins de difficultés de temps et d'argent que chez nos voisins, dont nous n'avons pas les brumes, les brouillards et les rosées. Tâchons toutefois de les imiter dans leur constance et dans les mémorables efforts qui leur ont permis, par exemple, d'assainir et de féconder les 1,500,000 hectares de *Fens* ou marais du Lincolnshire et du Huntingdonshire.

A la vérité, les centaines de millions (250) prêtés par le gouvernement anglais à la propriété et à la culture, ont efficacement contribué à la propagation d'une méthode dont elles pouvaient tirer de si grands avantages. Sans trouver dans l'État le même point d'appui, la France agricole, toutefois, cessera d'être condamnée à l'impuissance. Le crédit foncier va fonctionner, et il est à croire que ses premières opérations ne resteront pas étrangères à un mode d'assainissement qui donnera aux plus mauvais terrains la faculté de se défaire, en moins de quarante-huit heures, des eaux superflues; assurera aux propriétaires une réduction approximative de 15 p. % sur le total des dépenses, et rendra salubres et prospères les contrées sur lesquelles la pauvreté, la maladie et la mort prélèvent un triste et pesant tribut.

Ce sera donc rendre aux populations intéressantes des campagnes un double service, qui se traduira dans les modifications salutaires de la santé publique et dans une augmentation de produits. Il y a plus, le propriétaire qui mettra des capitaux dans une pareille opération réalisera un placement de fonds avantageux. Un Anglais très-compétent, M. Stephens, a établi, prouvé même, que le propriétaire qui prendra une part des quatre cinquièmes dans les frais de dépense totale, doit retirer de ce placement plus de 11 p. % d'intérêts. Ces calculs n'ont toutefois qu'une valeur spéciale et locale. En France, à moins de circonstances rares, la propriété se contente facilement d'un revenu de 3 p. %.

Il est dès lors évident que si plusieurs propriétaires, suivant l'exemple des hospices de Paris, offraient à leurs fermiers les capitaux nécessaires, au taux que nous venons d'indiquer, il n'y aurait pas de cultivateur intelligent qui ne s'empressât d'essayer, du moins sur de petites proportions, la méthode du drainage, puisqu'il n'existe guère de *faire-valoir* un peu important, qui n'ait une ou deux pièces de terre sur lesquelles on puisse opérer. De cette façon, le drainage serait promptement vulgarisé ; on monterait des fabriques de tuyaux ; des compagnies même en établiraient, à l'instar de M. GAREAU, et de MM. THACKERAY et Josiah PARKES, venus récemment à Paris, au nom de la Société de drainage dont ils sont membres.

En résumé, les bienfaits du drainage ne sauraient pas plus être contestés que ceux de l'arrosage dont ils forment le pendant, l'auxiliaire et le complément. La culture, la science, la salubrité des campagnes, le bien-être des cultivateurs, une foule d'intérêts majeurs sont engagés dans cette question. Tant qu'il ne s'est agi que de tâtonnements et d'essais, l'expérience de nos voisins a pu nous suffire ; mais quand on voudra sérieusement travailler en grand, les moyens d'exécution ne nous feront pas défaut. Seulement, il faut savoir, par des initiatives résolues et des impulsions persévérantes, nous défaire des préventions systématiques par lesquelles on accueille, de temps immémorial, en France, toutes les applications nouvelles ou rajeunies, tous les procédés, toutes les méthodes.

Jusqu'à présent, nous nous sommes borné à parler du drainage d'une manière un peu générale, dans le but seulement de le faire comprendre et d'en faire apprécier les avantages. Maintenant, nous devons compléter notre tâche, en attaquant la question par son côté pratique. Nous commencerons donc par traiter de la fabrication des tuyaux, et nous terminerons par l'énumération des règles principales qui doivent diriger l'opérateur dans les champs.

Les tuileries anglaises dans lesquelles se fabriquent les tuyaux, sont généralement affermées par des gens qui n'ont à fournir que le matériel ordinaire et le combustible. Et encore, le propriétaire donne-t-il le plus souvent les machines. N'ayant rien à envier à leur mode de fabrication, car les machines françaises sont au moins égales, si ce n'est supérieures, nous dirons seulement les prix de livraison qui sont : de 15 fr. le mille pour des tuyaux de 3 à 6 centimètres de diamètre ; de 40 fr. pour ceux de 8 centimètres ; et de 75 fr. pour ceux de 18 centimètres. Il faut dire, cependant, avant de quitter nos voisins, que, dès le début, le drainage a été compris par les propriétaires qui en ont fait une affaire de placement de fonds à 5 p. °/₀ en général. C'est pour cette raison qu'ils ont toujours laissé leurs *farmers* à peu près maîtres de la direction des travaux, souvent même malgré et contre les avis des ingénieurs. Nous citerons, par exemple, le duc de Northumberland, qui a consacré tous les ans jusqu'à 500,000 fr. à ces opérations améliorantes, que dirigeait M. Narks, en se conformant religieusement aux volontés expresses des cultivateurs.

Si nous ne sommes pas aussi avançés que les Anglais dans la pratique du drainage, nous avons cependant actuellement assez d'usines de ce genre en France, pour que nous puissions y prendre nos exemples. Nous dirons même que, sur une centaine de machines que nous possédons, il y en a déjà près de la moitié qui fonctionnent dans quarante de nos départements. La division des encouragements à l'agriculture a déjà consacré à cet objet près de 60,000 fr., distribués à une cinquantaine de Sociétés et de Comices agricoles, qui vont bien certainement les utiliser cette année, si ce n'est déjà fait.

Toutes les tuileries peuvent se livrer à la fabrication des tuyaux de drainage, et il ne leur faut pas, pour cela, une bien grande dépense spéciale. Voici à peu près la nomenclature des principaux objets :

Une machine à faire les tuyaux, avec sa curette.

Un pilon en bois pour charger les boîtes ou cylindres.

Un peigne ou de simples mandrins isolés pour recevoir les tuyaux au sortir du moule.

Une claie à deux mains pour placer et porter les tuyaux.

Un fil de laiton pour couper la terre, comme en ont les épiciers pour couper le savon.

Une série de claies, analogues à celles dont on se sert

pour tasser les bouteilles, pour faire, ici, sécher les tuyaux.

Une table à roulettes qui peut servir à rouler ou à transporter les tuyaux.

Et enfin, une brouette comme il y en a partout.

Quant au choix des terres, il n'est pas indifférent, comme on pourrait le penser d'abord ; il faut, en effet, qu'elles contiennent les éléments essentiels suivants :

Silice.	de 55 à 75 p. %.
Alumine.	de 35 à 25 —

Les principes accessoires sont plus nombreux ; ils peuvent varier :

De 0 à 19	p. %	pour	la chaux.
De 0 à 5	—	—	la potasse.
De 0 à 19	—	—	le protoxide de fer.
De 25 à 35	—	—	la magnésie.

Cette dernière ne s'y trouve, en général, que pour 1 à 5 p. %.

La *plasticité*, sans être rigoureusement indispensable, puisqu'on peut mouler, par pression, des matières à l'état de poussière, est cependant utile ici, ne fût-ce que pour la commodité des façons. Les *pâtes longues* seront donc préférées aux *pâtes courtes*. Il vaut mieux avoir à *dégraisser* les premières par des matières *arides* telles que le sable, les ciments, les scories ou escarbilles, que d'avoir à lutter contre la désagrégation facile des dernières.

On recherchera donc des terres qui, suffisamment délayées, conservent les formes qu'on leur aura données ; passant bien à la filière ; n'ayant ni pyrite ou sulfure de fer, ni craie pure, même en morceaux de 1 millimètre de grosseur ; sans cela, l'eau plus tard, en fusant, les ferait éclater. Il faut qu'elles sèchent facilement et également, sans former d'adhérences totales ou partielles, sans se fendiller ou se gauchir.

On préfère l'argile *plastique*, c'est-à-dire ne contenant

presque que de la silice et de l'alumine, à l'argile *figulineuse* qui est appelée ainsi, quand elle a de 5 à 6 pour 0/0 de chaux. Sous ces deux états, elle sert surtout aux mélanges avec les marnes *argileuses* ou *limoneuses*, car la troisième espèce, dite *calcaire*, doit être rigoureusement exclue.

Il est des pays où la terre sert telle qu'elle sort du sol ; c'est la plus avantageuse. Les tuileries de Bièvres et de Vanpeureux qui ont été exploitées de père en fils par les familles Raguenet et Prévost, sont dans ces excellentes conditions ; celles de MM. Aragon, de Massy, également. Mais il n'en est pas de même chez M. de Rothschild, à Ferrières, où l'on emploie par exemple :

Terre franche (marne argileuse) . . . . . 2/3.
Argile verte (argile figuline un peu sableuse) 1/3.

Souvent même on y ajoute 1/8 de sable pur.

Chez M. Vincent, près de Lagny, les mélanges se font ainsi :

Rougette (marne limoneuse) 2/3.
Terre argileuse (argile plastique un peu sableuse et calcaire) 1/3.

Quoi qu'il en soit, mélangées ou non, après leur extraction, les terres sont *marchées*. M. Vincent laisse le mélange 12 heures en macération. Autrefois, cette opération se faisait par des hommes qui marchaient à pieds nus sur le tas, en s'appuyant sur leurs pelles. Aujourd'hui, elle a lieu à l'aide de rouleaux ou de battes en bois, que la terre ait ou n'ait pas passé par les tines à malaxer. Ces tines sont des cuves hautes, dans lesquelles se meut, par la force d'un cheval, un système de vannes ou de piques en fer, qui déchirent la terre, et en font le mélange ; ce sont de grosses barattes à beurre placées verticalement. Dans la figure ci-contre, la terre est préalablement broyée entre deux cylindres, surmontés d'une trémie.

Appareil de Clayton pour broyer et malaxer les terres.

La terre étant enfin prête à être moulée, on la livre à une machine quelconque : il y en a de 20 systèmes différents. Mais quel que soit celui qu'on a choisi, l'opération a toujours lieu de la manière suivante : la terre est placée dans une caisse carrée ou dans un cylindre percé par les deux bouts : d'un côté se trouvent des ouvertures appelées *filières*, en nombre variable de 3 à 6 ; mais toujours placées sur une même ligne horizontale. Ces filières sont tout simplement des trous circulaires et réguliers faits dans une plaque, et presque bouchés à l'intérieur par un tampon appelé *noyau* (*a*),

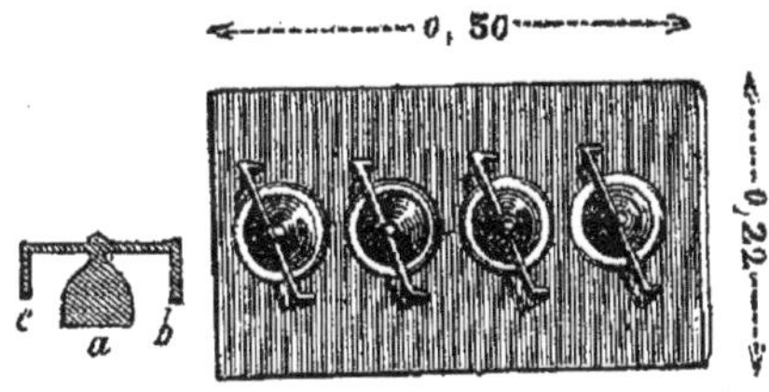

Noyau des filières.

Filières pour mouler les tuyaux.

qui laisse cependant, entre ses bords et ceux de l'ouverture, une distance régulière par où passera la terre qui formera les parois du tuyau. Ce bouchon est tenu suspendu au milieu de l'ouverture par deux branches *c b*, fixées et rivées dans la plaque. Un piston ajusté est à l'autre extrémité de la boîte ou du manchon. On en a de plusieurs diamètres et de rechange, pour tous les genres de tuyaux que l'on veut obtenir. On comprend très-bien maintenant, qu'une force quelconque venant à pousser ce piston, la terre sortira par les ouvertures qui lui sont ménagées. Si à cette sortie se trouve une table formée par une toile sans fin, les tuyaux en couvriront bientôt toute la surface, et il ne restera plus qu'à les couper à des longueurs déterminées et à les faire sécher sur des rayons. On les fait cuire ensuite dans un four ordinaire ; quatre jours suffisent par le beau temps ; ils subissent alors un retrait de 1/11e environ.

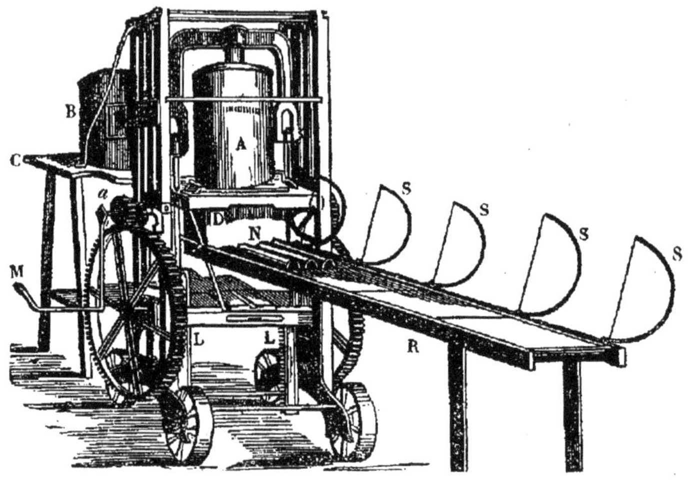

Machine verticale de Clayton, à décharge horizontale.

Pour bien nous rendre compte de la manière dont on se sert de ces machines, prenons un exemple sur celle de Clayton : A est le cylindre plein de la terre préparée, B en est un autre qu'on remplit d'avance pendant que le premier sert ; il est placé sur une petite table C à l'arrière du dessin. Quand on veut faire fonctionner la machine, un ouvrier saisit la manivelle M qui fait tourner le petit pignon *a*, lequel commande à une grande roue qu'on voit très-bien ici; de l'autre côté de la machine, la même disposition existe, pour que deux hommes puissent agir ensemble.

Les axes de ces deux grandes roues sont reliés par une espèce d'essieu denté en face des deux cremaillères LL, qui agissent chacune par une tringle d'attache sur les deux pendentifs, ou branches en T, qui commandent au piston qu'on voit entrer dans le cylindre A. La pression exercée, concentre la terre dans le réservoir de base D, et l'oblige à sortir par les filières, en N. Alors, les tuyaux tout formés poussent la toile sans fin que porte la table R, et quand ils en ont garni toute la surface, on abaisse les arcs SSSS dont la corde est en laîton, et les tuyaux se trouvent coupés aux longueurs qu'il a plu de donner entre les arcs SSSS.

Un ouvrier saisit alors le peigne que nous représentons ici ; il introduit chacune des dents, dans l'ouverture béante

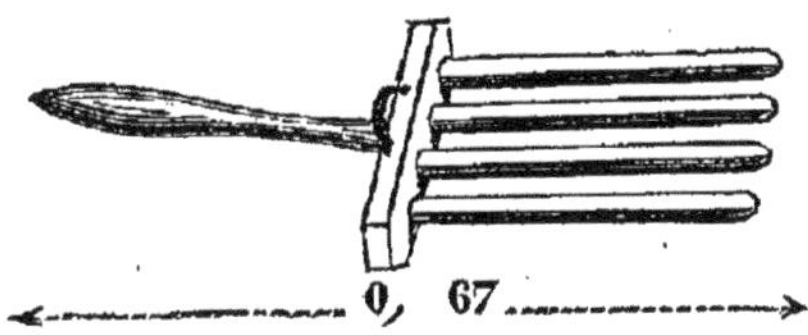

Peigne pour recevoir les tuyaux à l'extrémité de la toile sans fin.

des tuyaux, et les transporte tous ensemble sur les séchoirs. Pendant ce temps, la machine marche toujours et en produit de nouveaux. L'ouvrier revient, recommence son opération et ainsi de suite. M. Vincent, de Lagny, préfère les dents isolées ; il a peut-être raison, car il arrive souvent qu'un tuyau est manqué ; il le laisse de côté alors, et peut ainsi choisir seulement ceux qui sont bons. Dans le dessin de la grande machine Thackeray, on voit l'enfant de droite travailler d'après cette méthode. Cette machine, que nous venons de décrire, coûte 625 fr., sans les moules.

Quand il s'agit de remplir le cylindre de rechange, on comprend qu'il n'y a aucune difficulté ; on le porte à côté du dépôt de terre, on le bourre successivement avec le pi-

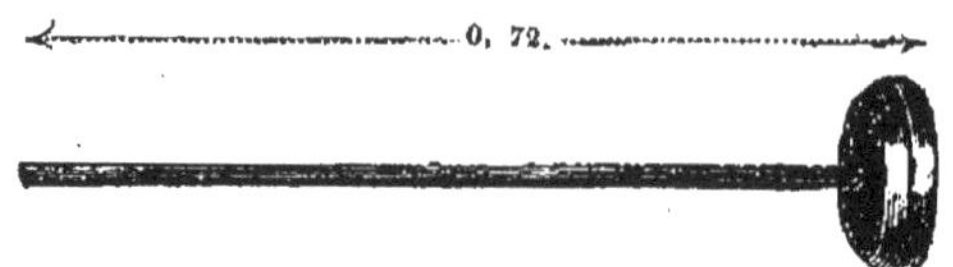

Pilon pour charger les boîtes ou les cylindres.

lon, et quand il est suffisamment plein, on en nettoie les bords avec la petite curette ci-contre qui sert en vingt

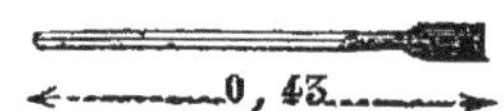

Curette pour nettoyer les machines.

circonstances différentes : pour le piston, pour les filières, etc., etc.

Dans la machine de Calla, les choses se passent à peu près de même ; seulement, le réservoir est cubique et les tuyaux sortent sur le même plan que celui sur lequel a lieu la pression. (La machine à décharge verticale n'est géné-

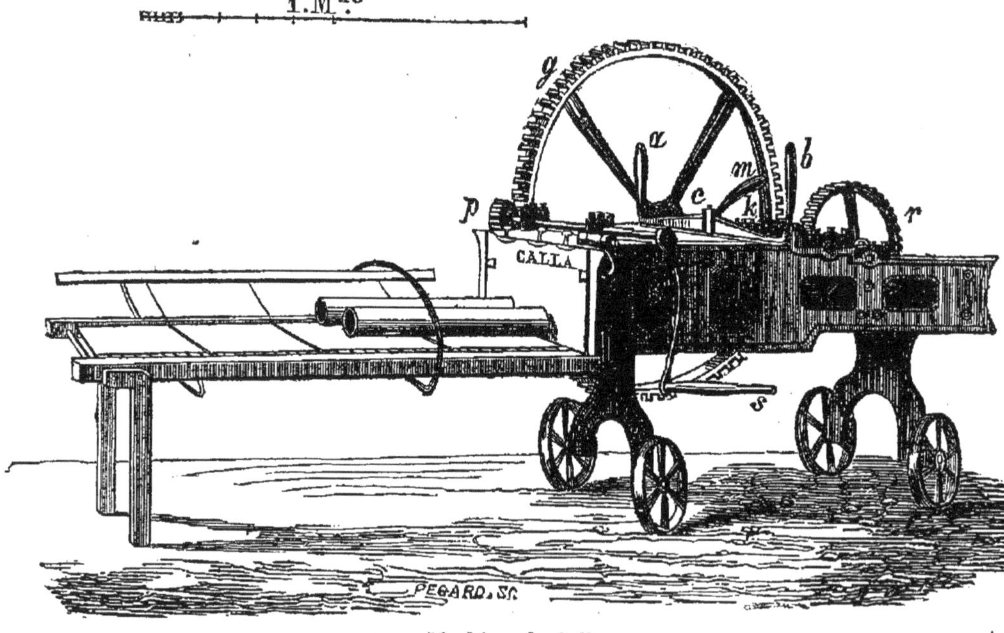

Machine de Calla.

ralement préférée que pour les gros tuyaux.) Cette caisse étant chargée, un couvercle hermétique la recouvre, et un double loquet, dont l'axe est en *c* est saisi par ses deux branches *a b*, dont les parties inférieures s'engagent dans deux crans qui rendent toute ouverture impossible. La manivelle *s* met en mouvement le petit pignon *p* qui s'engrène dans les dents *g* de la grande roue, laquelle fait mouvoir une troisième roue dentée *r*, qui pousse la tige-crémaillère du piston.

On peut, avec cette machine, faire en moyenne 1,000 tuyaux par homme et par jour.

Son inconvénient principal est d'avoir une trop grande quantité de transmissions comme on peut le voir. Elle exige ensuite un temps d'arrêt pour le nettoyage et le chargement à nouveau. Celle de Witehead n'a pas ce dernier défaut surtout; on voit par la figure que quand on a fini d'un côté on peut recommencer de l'autre.

Machine de Witehead.

Nous pensons avoir suffisamment fait comprendre la manière dont on se sert des machines à fabriquer les tuyaux de drainage, pour n'avoir plus à nous étendre sur les deux machines que M. Thackeray à importées d'Angleterre et dont nous reproduisons les dessins. La vie que donnent les ouvriers qui les entourent, en ferait d'ailleurs parfaitement bien saisir la marche.

Grande machine Thackeray.

Petite machine Thackeray.

Les fours, dont la construction peut s'élever à 1,000 fr. contiennent 25,000 tuyaux. Ils absorbent 6 fr. pour 1,000 de charbon de terre. Dans l'usine de M. Vincent, l'enfournement dure 2 jours ; l'enfumage, 8 jours ; la cuisson poussée jusqu'au blanc fusible, 48 heures ; le refroidissement, 4 jours ; le déformage, 2 jours. D'après ce que nous venons de dire, il lui faut donc 18 jours pleins pour transformer la terre en tuyaux bien *sonnants, droits, lisses* à l'intérieur, ayant des formes bien arrondies, nullement gauchis, et présentant des coupes nettes et verticales. Le prix de revient est de 17 fr. ; il espère le réduire à 10. Les prix de vente sont de 28 fr. pour les 0m 04 ; de 30 fr. pour les 0m 06, et de 80 fr. pour les 0m 10.

Nous terminerons ce sujet en donnant le dessin d'un atelier complet de fabrication de tuyaux de drainage comme il y en a en Angleterre; il fonctionne très-bien avec un cheval et un petit personnel de quatre ouvriers. Le même manége fait marcher la tine à malaxer et la machine à fa-

Atelier complet de drainage.

briquer les tuyaux. A l'arrière-plan se trouvent les halles et le four. La figure rend très-bien compte de l'ensemble des opérations dont nous ne parlerons pas davantage. Nous devons faire remarquer d'ailleurs, que M. Barral publie un ouvrage très-complet sur ce sujet ; toutes les gravures qu'il nous a prêtées en font partie; ce sera certainement le meilleur guide qu'on pourra trouver quand on voudra s'occuper sérieusement et en grand de cette question (1).

La longueur des tuyaux est généralement de 33 centimètres, et l'épaisseur des parois de 1 centimètre. Dans la dessiccation à l'air libre, s'il arrive que le poids de la matière fasse déformer le tuyau, on le redresse avant qu'il ne soit trop sec, en introduisant un cylindre plein dans son intérieur et en roulant le tout sur une surface plane ; on appuie légèrement avec les mains, en imprimant un mouvement de va-et-vient très-analogue à celui qu'exécutent les pâtissiers quand ils veulent étendre leur pâte avec leur rouleau.

(1) Plusieurs fragments importants de ce traité ont déjà paru dans le *Journal d'Agriculture pratique*, que M. Barral dirige avec un rare talent et qui obtient, depuis 15 ans, un succès justement mérité. Faisant suite à la *Maison rustique* du XIXe siècle, ce recueil a conservé tous les collaborateurs qui ont aidé M. Bixio dans la fondation et la continuation de cette grande œuvre agricole, qui est toute de dévouement, puisque les deux volumes qui se publient tous les ans en vingt-quatre cahiers illustrés de gravures, ne coûtent que 12 fr. pour la France et l'étranger. C'était un devoir pour nous, de consacrer ici cette mention en faveur du seul monument agricole que nous connaissions, et auquel travaillent, tous les jours, des praticiens et des agronomes comme MM. de Gasparin, Moll, Villeroy, Boussigault, Payen, Rieffel, de Girardin, Naville de Chateauvieux, Nadault de Buffon, Robinet, Jamet, Dubreuil, Bortier, Jobard, Quetelet, et un grand nombre d'autres, dont les noms nous échappent en ce moment. Si le *Journal d'Agriculture pratique* eût été une entreprise de pure spéculation, nous nous serions abstenu d'en parler aussi longuement ; mais dès l'instant qu'elle est faite en vue des progrès agricoles, et que la majeure partie des écrivains qui lui livrent leurs observations, le font gratuitement, et dans ce but seul, il ne nous répugne aucunement de le recommander à l'attention des propriétaires et des cultivateurs. C'est un service que nous pensons leur rendre, et ceux qui connaissent déjà cette remarquable publication, une des meilleures de la *Librairie agricole*, seront certainement de notre avis. A. J.

M. Vincent évite ce remaniement, en recevant les tuyaux sur des rouleaux à gorge, et en les plaçant ensuite sur des claies échancrées, qui les soutiennent dans le *tiers* inférieur de leur hauteur. Sur une toile sans fin, ou sur une surface plane, la courbe du tuyau ne touche en effet que par un point tangent, et tout le poids de la matière favorise une déformation. Ici, au contraire, les deux tiers seulement du tuyau pèsent sur l'autre tiers, qui offre bien plus de résistance que le simple point tangent dont nous venons de parler.

Pour la cuisson, rien n'est changé aux anciens procédés. On place les tuyaux perpendiculairement dans le four. Quand on en a de différents diamètres, on met les plus petits dans les plus grands. Le plus souvent, on dispose des briques ordinaires sur l'aire, en les arrangeant de façon à ce qu'elles forment des conduites, par où la flamme passe librement et facilement. Le plus souvent aussi, le four est recouvert par une autre couche de briques, qui cuisent également dans le même temps que les tuyaux de drainage. Les déchets et la casse sont estimés en moyenne à 1/20e.

Quant aux machines proprement dites, tous nos constructeurs en établissent ; celles qui jusqu'à présent ont été préférées sont de MM. Calla, Clayton, Randell et Saunders, Exall, Ainslie, etc., etc. MM. Calla et Laurent en construisent à Paris même. Les prix varient de 250 à 850 fr. et plus. La moyenne a été jusqu'à présent de 4 à 500 fr. ; mais tous les jours les prix deviennent de plus en plus abordables.

Déjà, en Angleterre, M. Exall a construit la petite machine que nous représentons ici. Elle est simple, facile à transporter et à manier, mais elle ne remplit pas encore toutes les conditions que nous voudrions rencontrer dans ces petits outils-machines. Nous savons que M. Vincent s'occupe d'en établir une qui sera un véritable *outil à la main*. Il aura réalisé un incontestable progrès s'il réussit.

Machine d'Exall.

Petite, transportable, peu coûteuse, voilà la machine qu'il nous faut pour les campagnes, où les moindres ouvriers pourront s'en servir dans leurs longues et improductives soirées d'hiver. D'après ce que nous en a dit et nous en a fait voir M. VINCENT, nous espérons qu'il arrivera à remplir les conditions de simplicité que nous désirons, et si ses expériences sont couronnées de succès, il aura contribué à vulgariser le drainage, et rendu ainsi un grand service à l'agriculture.

Quant au prix des tuyaux, bien qu'il soit assez variable, nous en donnerons une idée suffisante par les prix réels suivants :

M. le baron DE ROTHSCHILD qui, dans son domaine de Ferrières, ne néglige rien pour propager les inventions nouvelles, *quand elles sont reconnues utiles*, a établi une fabrique de tuyaux de drainage. Les 1,000 tuyaux de 0m 025 de diamètre intérieur reviennent à 18 fr. et sont vendus à la fabrique 21 ; ceux de 0m 03, 24 fr.; ceux de 10c, 75 fr. D'après les usages, chaque tuyau doit avoir un pied ancien de longueur. Assez souvent encore, ils ont 33 centimètres ; on peut même dire que c'est là la règle générale. Chez M. DE ROTHSCHILD, il n'en est pas précisément ainsi ; ils n'ont que de 28 à 30 centimètres. Cette différence mérite d'être prise en considération. Chez M. VINCENT, de Lagny, où les prix sont à peu de chose près les mêmes, chaque tuyau a 33 centimètres de long.

Tuyau cylindrique ordinaire, de 0^{m} 33 de long et de 25 millim. de diamètre.

Tuyau à forme ovoïde.

A l'époque où nous avons visité l'usine de MM. ARMITAGE et GASTELLIER, de Paris, les tuyaux de 0^{m} 05, pesant 750 kilog. le mille, étaient de 16 fr. seulement. Ceux de 0^{m} 06 sur 8, pesant 1,250 kilog., de 20 fr. ; et ceux de 0^{m} 08 sur 11, pesant 2,000 kilog., de 45 fr. ; c'est un peu plus de 2 centimes le kilo en moyenne. Ces deux dernières formes

Moyen tuyau ovoïde à assise.

oblongues sont aujourd'hui à peu près abandonnées. Enfin, nous terminerons ce sujet, en donnant les prix de l'association agricole de drainage du département de l'Oise, dont le but est tout à fait désintéressé. Ils sont de 16 à 25 fr. pour des diamètres de 0^{m} 03 à 0^{m} 05, et régulièrement de 0^{m} 33 de long. Quand nous parlons du diamètre, il est entendu que c'est toujours la capacité intérieure que nous voulons désigner, c'est-à-dire, la partie qui sert pour la conduite des eaux.

PRATIQUE DU DRAINAGE PROPREMENT DIT.

Quand on veut drainer une propriété, la première chose à faire, c'est de bien étudier son terrain, son sol, son sous-sol, leur nature, leur profondeur relative. A cet effet, on pratique des trous en plusieurs endroits différents, de 1 à 2 mètres de profondeur ; on peut ainsi se rendre compte de la qualité des couches de terre sur lesquelles on doit agir. On laisse ces ouvertures béantes pendant un certain temps, afin de voir à quelle hauteur les eaux y arrivent. Il est essentiel aussi, de bien savoir d'où vient cette eau gênante, si ce sont des sources ou des eaux de pluie qui les produisent.

Lorsqu'on sait à quoi s'en tenir à cet égard, on étudie les pentes avec soin, on tire ses lignes directrices qui doivent toujours être parallèles aux pentes, *jamais en écharpe*, et on les jalonne. Nous savons des pentes de 1^m à 15^m sur 100 qui ont parfaitement réussi. Vient ensuite la grave question de la profondeur des tranchées et de leur espacement. On ne peut donner de règles absolues ni uniformes à cet égard.

Il arrive souvent qu'en faisant les fouilles dont nous venons de parler, on rencontre des bancs de sable qui peuvent devenir des plus précieux pour l'opération, et apporter de notables économies. On ne devra jamais négliger ces ressources, qui permettront de faire des puits absorbants et économiseront beaucoup d'argent. M. Panckoucke nous citait dernièrement une de ses propriétés du Blaisois, qui se trouve dans ces conditions ; il se propose avec raison d'en tirer un très-bon parti.

Si le sable n'est pas situé trop profondément, on fait une simple percée en matériaux secs, et on y amène les conduits de dégorgement comme on l'a représenté ici.

Puits perdu, Boit-tout ou Bettoir.

Si au contraire il est trop éloigné, on va le rejoindre avec un trou de sonde, comme cela est indiqué dans la présente figure.

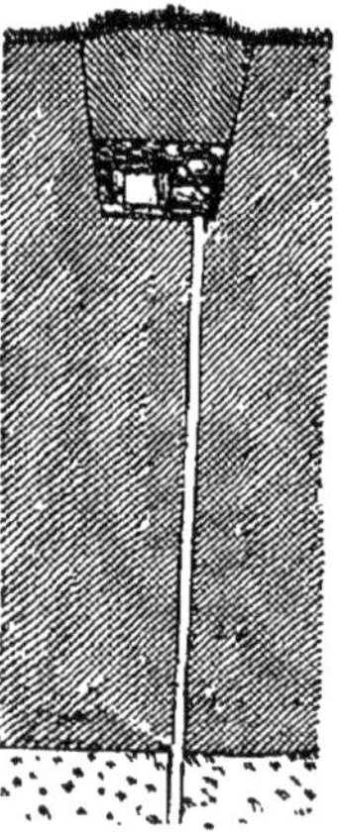

Forage pour perdre les eaux dans une couche perméable, mais profonde.

Relativement à la profondeur des tranchées, il y aura toujours moins d'inconvénient à les exagérer un peu qu'à faire l'économie de quelques centimètres de fouilles. Les luttes que M. Josiah Parkes a soutenues à cet égard en Angleterre, ont beaucoup servi à éclairer cette importante question. Si la terre n'est embarrassée que des eaux de pluie ordinaires, qu'elle les laisse seulement passer avec peine, sans qu'une couche d'eau intérieure vienne s'opposer à leur descente en les *refoulant* pour ainsi dire à la surface du sol, il est évident que 0^m 80 à 1^m suffiront. Mais dans le cas contraire, il ne faudra pas hésiter à aller à 1^m 30 et même à 1^m 50.

Quant à la largeur qui doit exister entre les lignes, les mêmes raisons doivent guider. S'il n'y a de la part de la terre qu'un peu de paresse, de lenteur, dans la manière dont elle boit ses eaux, on pourra laisser de 20 jusqu'à 25 et même 30 mètres de distance. Mais si, au contraire, il y a une difficulté réelle, tenant à sa constitution essentiellement peu perméable, et surtout, si une couche d'eau souterraine fait *repoussoir*, il faudra rester dans les 10 à 15 mètres d'écartement. Pour se rendre compte de ce qu'on devra faire, il n'y a qu'à se bien pénétrer du but et de l'effet du drainage. Que veut-on obtenir, en effet, dans une grande pièce qu'il s'agit d'assainir par ce procédé? pas autre chose que de la diviser en petites pièces, isolées chacune, par une ceinture de fossés. La seule différence qu'il y a entre cette opération-ci et les anciennes, c'est qu'au lieu de ne faire servir le fossé qu'à une même parcelle, il devient mitoyen et sert à la parcelle voisine; et qu'enfin, au lieu d'être à ciel découvert et de faire tort à la culture de la largeur de son ouverture et de ses bords, on peut y faire des récoltes au moins tout aussi bonnes qu'ailleurs.

Isolons donc un instant, par la pensée, une bande de terre circonscrite par les lignes du drainage, ôtons toute la terre qui l'environne, et voyons ce que nous aurons après ces déblais faciles à faire ici. Nous nous trouverons en présence d'un gros mamelon de terre, plus large et plus long que haut, une sorte de grande éponge cubique, qui sera dans la même situation qu'un fromage qu'on vient de dresser sur son égouttoir et qu'on a pu débarrasser de la ceinture qui lui servait de moule. Continuons à nous figurer cette masse de terre recevant les eaux du ciel en pluie fine et pénétrante. Cette eau, après s'être introduite entre les molécules de la terre, ne tardera pas à gagner les parties déclives et tous les points par lesquels elle pourra s'écouler. Nous la verrons bientôt suinter sur les bords à pic que nous avons supposés, et au bout d'un temps plus ou moins long, il est certain qu'il n'en restera plus que la quantité suffisante pour entretenir l'humidité du sol, quantité exigée par les lois de la capillarité et nécessaire à la fertilité du sol. Mais, cependant, si un trop long temps succédait à cette première période, sans qu'il arrivât de nouvelles pluies, la terre se fendillerait si elle était argileuse, elle se déliterait si elle était calcaire, elle s'effriterait si elle était légère et sablonneuse.

Dans tout le courant de cette expérience, qu'on pourrait très-bien faire du reste, on aurait pu remarquer aussi que l'eau arrivée, soit par la pluie, soit par une fonte de neige, soit par une ravine qui l'aurait amenée plus ou moins limoneuse, cette eau, dis-je, serait ressortie parfaitement limpide. Elle aurait donc laissé tous les principes qu'elle charriait dans le sein de la terre où elle aurait subi une véritable filtration. C'est ce qui a lieu en effet, et ne constitue pas un des moindres avantages du drainage. Mais si, au lieu de cet isolement que nous avons supposé gratuitement, notre masse de terre était entourée d'un cercle de fer, qu'arriverait-il? c'est que l'eau séjournerait, et chercherait à *refluer* par dessus les bords; toujours, bien entendu, en supposant aussi le sous-sol parfaitement imperméable.

Eh bien! cette figure étant comprise, le reste s'explique tout seul : les fossés sont représentés par la ligne des tuyaux qui forment drain, et le cercle de fer par les pièces voisines quand il n'y a pas de drains ou de fossés. Il devient donc possible, à l'homme un peu intelligent, de régler lui-même la largeur qu'il devra laisser entre chacune des lignes collectrices. Cette largeur dépendra de la plus ou moins grande facilité avec laquelle l'eau pourra atteindre les fuites qu'il s'agit de lui ménager.

Les instruments spéciaux qui servent à pratiquer les tranchées, sont faciles à se procurer, peu nombreux et peu coûteux. Ce sont d'abord : des bêches plus longues que larges, qui ne varient entre elles que par leur largeur, et des espèces de demi-cylindres creux, placés au bout d'un long manche : on appelle ces derniers *curettes ;* elles servent à enlever la terre quand on arrive au fond de la tranchée, et que la bêche ne peut plus servir à cet usage.

Les fossés sont étroits; ils ont la forme d'un V, serré dans ses branches, et tronqué à sa pointe, qui doit avoir la largeur seulement du diamètre extérieur du tuyau. Les premières fouilles se font à la charrue, qu'on fait passer jusqu'à *trois fois* en la terrant au maximum. Quand le travail est ainsi préparé, et que tout est bien nettoyé, la pente bien prise et bien régulière, on place les tuyaux au fond, et avec soin, les uns au bout des autres. Une longue perche coudée à angle droit sert pour cette opération délicate. Elle a la forme d'une grande L ; sa plus courte partie entre dans le tuyau, qu'on transporte ainsi très-facilement à sa place. Quand on arrive au maître drain, à celui qui reçoit les eaux de tous les collecteurs, le dernier tuyau s'accole tout simplement avec ceux de cette grande ligne, soit en T, soit à angles plus ou moins aigus. C'est assez généralement en *arête de poisson.* C'est ici qu'il faut prendre le plus de précautions pour arriver à obtenir des coupes qui se joignent, ou du moins qui se touchent le plus parfaitement possible entre elles.

On avait primitivement beaucoup préconisé les tuyaux de gros calibre pour mettre au fond des tranchées principales, comme celui-ci par exemple ; on y a renoncé de-

Gros tuyau ovoïde à assise.

puis, pour mettre trois tuyaux ordinaires, disposés comme

les trois points suivants (.˙.) ; mais on s'est bientôt aperçu que le tuyau supérieur ne servait que peu ou pas; aujourd'hui on préfère les mettre sur la même ligne comme ceci (...).

On a beaucoup recommandé aussi, de relier tous les tubes entre eux, par un segment de tuyau de plus gros calibre qui formait manchon; on s'est ensuite contenté de

Deux tuyaux ordinaires avec leur manchon.

recouvrir chaque joint d'un fragment de tuile ou de tuyaux cassés. On y a renoncé aussi. C'est dire qu'on relègue également aujourd'hui dans le domaine des antiquités, les formes primitives des drains qui se composaient de tuiles courbées, reposant sur des tuiles plates qui leur formaient un sol

Tuiles bombées des drainages primitifs, reposant sur des tuiles plates.

uni. On avait également voulu faire pilouer le fond des raies, ce qui était tout simplement absurde, puisque cela diminuait le peu de perméabilité que le sous-sol pouvait encore offrir ; enfin, on a quelquefois mis un lit de paille dessus et dessous, voire même des pierres quand on en avait à sa portée. Cette dernière méthode seule peut être préconisée, quand elle est facile à exécuter. Quant aux autres précautions que nous avons voulu citer pour ordre, elles sont à peu près négligées par tous les praticiens. Les tuyaux étant placés, on se borne à jeter les premières parties de terre avec précaution, pour ne rien déranger, et, ensuite, on comble comme dans un fossé ordinaire.

Beaucoup de personnes ont cru, dans le principe, que les tuyaux devaient être poreux, pour laisser passer l'eau ; c'était une erreur profonde. L'eau entre parfaitement bien par les joints; il ne lui faut pas tant de place pour passer, comme chacun sait, quand elle y est sollicitée.

Il nous reste maintenant à faire connaître les prix de revient de l'opération entière : ils sont très-variables, comme on doit le penser. On a dit que le drainage pouvait coûter de 100 à 500 fr. l'hectare, c'est vrai; nous pouvons même ajouter qu'il y en a au-dessous et au-dessus de ces prix. Mais avec des estimations de cette nature, si on a l'avantage de peu se compromettre, on ne renseigne guère les personnes qui veulent se rendre un compte un peu plus approximatif.

Nous prendrons donc des exemples dont chacun pourra tirer des conséquences, en les appliquant à sa situation spéciale. Chez M. de Rothschild, à Ferrières, on donne 15 c. par mètre courant pour creuser les drains ordinaires, et 20 c. pour les maîtres drains; on estime à 5 c. en plus la pose et la valeur des tuyaux, et tous calculs faits, le drainage qui coûtait primitivement 300 fr. l'hectare, revient aujourd'hui à 250, *tous frais compris,* voire même l'intérêt du capital engagé. D'après des observations bien faites et des comptes bien établis, il est prouvé aujourd'hui que le produit des terres drainées a souvent *doublé.* M. de Rothschild se réserve seulement 5 p. % par an de la dépense primitive, c'est-à-dire 12 fr. 50 qu'il décompose ainsi : 3 p. % pour l'intérêt de l'argent, 2 p. % pour l'amortissement. Le fermier profite du surplus, qui est généralement supérieur aux 12 fr. 50 du propriétaire, comme plus-value de récolte, bien entendu.

M. Gibert, receveur général à Beauvais et propriétaire à Faucourt, a fait le premier du draînage dans le département de l'Oise. Il paye 12 c. du mètre courant pour creuser, poser et combler; en ajoutant 8 c. pour l'achat des tuyaux, cela fait un total de 20 c. par mètre. Le prix à l'hectare dépend ensuite de la distance des drains. Enfin, M. Dufour, fermier des hospices de Paris, aux Corbins, commune de Montevrain, près Lagny, a pu faire faire des tranchées à 5 et à 8 c. le mètre, mais il a dû payer jusqu'à 25 et 27 c. pour les terrains pierreux et difficiles. Ce cultivateur estime, à l'aide de comptes parfaitement établis, qu'en somme tous ses drainages ne lui sont pas revenus à plus de 15 à 27 c. le mètre courant, *tout compris*; il compte pour les tuyaux seuls de 8 à 10 c. L'administration des hospices, suivant l'avis de l'un de ses membres les plus intelligents, M. Pruvost, a eu le bon esprit de mettre à la disposition de M. Dufour les fonds qui lui ont été nécessaires pour assainir sa ferme. Cette dépense ne dépassera guère, pour 325 à 330 arpents de 42 ares 20 centiares, 12,000 fr., dont l'intérêt sera servi par le fermier, à raison de 4 p. %. Le propriétaire a ainsi amélioré son fonds, tout en faisant un très-bon placement. M. Dufour s'est mis à l'abri des mauvaises récoltes, des causes habituelles de ruine ou de pertes considérables, moyennant une légère augmentation de fermage. Il a vu déjà le produit de ses premières terres drainées, s'élever de 50, 75 et même 100 p. %. Cet exemple, cette espèce de contrat, pourrait être suivi et pratiqué par bon nombre de propriétaires et de fermiers. C'est dans ces termes que nous voudrions voir toujours ces deux classes d'hommes qui, s'ils comprenaient leurs rôles respectifs, reconnaîtraient bientôt enfin que leurs intérêts sont plus intimement liés ensemble qu'on ne l'a jamais pensé jusqu'à ce jour. Tout l'avenir de notre agriculture est dans la bonne harmonie du propriétaire et du fermier.

Les effets du drainage se remarquent, on pourrait dire immédiatement; dès les premiers labours, la trace des drains disparaît. Pour les façons des terres, il y a ensuite toute la différence qu'on rencontre entre des terres douces et des terres dures. Plus de journées à perdre; après vingt-quatre heures de grandes pluies, on peut atteler. Quant aux petites pluies, on n'y fait pas attention. Au 12 janvier dernier, notre collègue, M. Dufour, avait déjà fini tous ses labours d'avoine. Le sol ne se fendille pas comme on pourrait le croire; il reste meuble, grâce à l'humidité modérée qu'y maintiennent les lois de la capillarité. L'élévation de la température du sol est notoire, les rosées sont diminuées, les luzernes *partent* plus tôt, leurs racines s'enfoncent mieux, elles mûrissent plus vite. Toutes les récoltes, grains et fourrages, augmentent de poids. La *verse* est moins fréquente, les racines se fixent plus solidement et se développent plus facilement. Dans de mauvaises terres *fluentes*, où M. Dufour ne récoltait presque rien à cause de la *verse*, il fait aujourd'hui 14 hectolitres de blé par 42 ares 20 centiares. Ce sont des faits, on ne peut les révoquer en doute; le contrôle des hospices et l'intelligence du fermier rendent toute supposition d'erreur grave impossible.

Maintenant que nous en avons fini avec cette courte esquisse des procédés ordinaires, arrivons aux moyens perfectionnés que nous avons rencontrés dans notre excursion de l'autre côté du détroit.

MACHINE A DRAINER.

Tous ceux qui ont visité l'exposition universelle de Londres ont dû bien certainement remarquer un très-grand appareil qui était situé à une des extrémités de la grande galerie de cet immense musée des merveilles contemporaines. Malheureusement, il est peu de visiteurs qui aient pu la voir à l'œuvre; c'est donc un devoir pour nous de la faire connaître à ceux qu'elle peut intéresser, et de dire les résultats, qu'en conscience nous pensons qu'on peut en espérer, sans aucune exagération.

MM. Fowler et Fry, inventeurs-constructeurs de cette fameuse machine à drainer, avaient choisi, pour faire leurs expériences, une grande pièce de terre située à *Shepherd's-bush*, dans la commune de *Hamersmith*, près Londres, et où les *Horse-Guards* venaient alors faire leurs manœuvres. M. MOLL, qui l'avait déjà vue fonctionner, voulut bien cependant nous y accompagner, avec notre collègue M. HERVAUX, et M. DEVAY de la Société d'agriculture de Versailles. Au moment de notre arrivée, on attelait au manége.

Le but de cette importante machine est de diminuer de beaucoup les frais du drainage en économisant les travaux de main-d'œuvre. On en jugera, quand nous dirons qu'elle place les tuyaux sans qu'il soit besoin de faire le plus petit fossé. On pourrait la définir ainsi : un fort coutre, s'enfonçant en terre à la profondeur voulue, de 1ᵐ à 1ᵐ 50, y faisant, à l'aide d'un soc cylindro-conique aplati, fixé à sa pointe, un véritable TRAVAIL DE TAUPE, dans lequel viennent se loger, à la suite les uns des autres, des tuyaux enfilés en chapelet dans une corde qui suit le souterrain creusé devant eux. Le tout, marchant par la simple force de deux à quatre chevaux, tournant un manége qui commande directement à un cabestan ordinaire.

La machine en elle-même se compose : 1° d'une charrue dite à drainer, et d'un appareil de tirage à cabestan et à manége. La charrue est formée d'une carcasse en fer plein, analogue à certains arcs de voûte des ponts de chemin de fer. La partie rectiligne touchant au sol, et formant la corde de l'arc, est supportée par quatre sections de cylindres, espèces de petits rouleaux servant de roues : deux sont en avant en E, et deux sont en arrière vers le tiers postérieur sous N. Le fer courbé C D, formant arc, a une force de fer d'environ 0ᵐ 08 sur 0ᵐ 14. Cette espèce d'armature est reliée par de fortes traverses boulonnées ; elle a un écartement de 0ᵐ 49 de dehors en dehors, lequel se continue postérieurement, tandis qu'en avant il va en diminuant à angle aigu.

Le premier rouleau double E, de 0ᵐ 22 de diamètre, est situé dans un bâti en fer portant une poulie destinée à recevoir la *corde ferrée* du cabestan : voilà tout ce qui compose l'avant-train, avec la moitié antérieure de la carcasse,

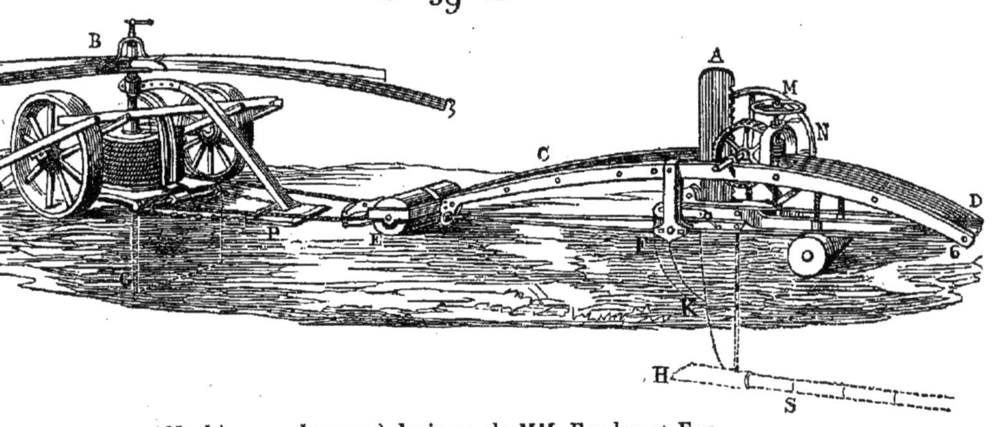

Machine ou charrue à drainer, de MM. Fowler et Fry.

si l'on veut. A partir du milieu, la partie postérieure est renforcée, doublée pour ainsi dire, par une autre armature portant les pièces actives de la machine. Le montant formant hauteur au-dessus de F a 0m 49 c. La partie antérieure de ce nouveau bâti est élevée de 10 à 12 centimètres au-dessus du sol et de la tringle : c'est dans cet endroit que tout le mécanisme est situé.

Le coutre A passe justement derrière le montant principal. C'est là que se trouvent les traverses et les boulons qui relient toutes les pièces dans cette partie importante où sont la résistance et les mouvements. Ce coutre, qui est la pièce capitale, est en fer trempé ; il a environ 2m 50 de long sur 0m 27 c. de large. Il est aminci en avant, sans être très-tranchant, et épais de 3 à 4 cent. à son talon qui est dentelé à la partie supérieure seulement. Il est placé dans une forte gaîne où il peut être maintenu à son point par une vis de pression. Etant plongé en terre, la résistance éprouvée se transmet sur un fort lien qui est fixé précisément derrière le dos du coutre, et qui termine supérieurement la gaîne de passage.

Un arbre de couche, portant un grand engrenage N et un petit M, transmet les degrés d'entrure qui lui sont donnés de deux manières différentes : sa grande roue N, de 0m 43 de diamètre, reçoit le mouvement ascendant ou descendant d'une vis sans fin, qui se manœuvre facilement par un homme au moyen d'un petit volant horizontal M servant ensemble de manivelle. C'est par là que se règlent les entrures ou les déterrures pendant la marche, car à vide, ou au début, ou pour les grands mouvements, un autre grand volant de 1m de diamètre en est chargé. Vers l'axe même de la roue, se trouve enfin le petit engrenage, qui communique avec la crémaillère dorsale du coutre. En avant de cette pièce importante, s'en trouve une autre remplissant en petit des fonctions analogues, et préparant un peu son passage. C'est un petit coutre F K, espèce de quart de cercle articulé, s'appuyant par une simple bifurcation sur l'avant du coutre fouilleur H.

Le coutre de la charrue, avons-nous déjà dit, s'emmanche dans un *soc-taupe* cylindro-conique H, portant à l'arrière un simple œillard en forme de T enlevé à l'emporte-pièce, et dans lequel s'enclave un vrai T en fer, formant, avec quelques chaînons, la tête du cordage S où sont enfilés les tuyaux.

Le cabestan est fortement amarré, à l'aide surtout d'un arc-boutant bifurqué et à branches inégales, dont le point de jonction est fixé au collet de l'arbre vertical d'où il part pour arriver en s'épanouissant sur le sol ; la première de ses branches, la plus longue, pour s'y appuyer à plat en P, sous forme d'Y renversé ⅄, et la seconde, la plus courte, pour commander à un tablier fortement bâti qui s'applique dans une tranchée transversale en G. Ces deux branches prennent donc ainsi leur épaulement et leur appui sur la surface du sol même, mais en deux sens différents.

Quant au cabestan, il est ordinaire et connu de tous ; ici, seulement, il est monté sur une plate-forme spéciale, et tout y est disposé à l'effet d'un transport direct, au moyen de roues basses à essieu courbé et extérieur. Quatre branches de manége s'appliquant au-dessus, on peut y mettre quatre chevaux à volonté. Une vis permet de le mettre à la hauteur des chevaux, et de le démonter facilement, car les branches de bois s'emmanchent à volonté dans les quatre gueules carrées d'une pièce principale et centrale B qui couronne le cabestan. Une roue dentée, placée horizontalement à la partie supérieure du cabestan, permet d'arrêter à volonté les mouvements qui pourraient avoir lieu en arrière, et cela par un simple *encliquetage*. La longueur des bras du manége est telle, comparée aux rayons du cabestan, que la force de chaque cheval se trouve mathématiquement plus que décuplée ; mais en tenant compte des frottements, on ne peut guère admettre une perte moindre d'un quart, ce qui ferait pour quatre chevaux la force de trente au moins.

Avec la connaissance que nous avons maintenant des principales pièces de la machine, nous allons essayer de la faire fonctionner.

Il faut tout d'abord déclarer que le choix du sol est indispensable, attendu que les surfaces trop accidentées ne pourraient pas convenir, pas plus qu'un sous-sol rocheux ou trop caillouteux. Ne demandons pas tout à la fois, et contentons-nous de ce qu'on nous offre aujourd'hui, sauf à voir les perfectionnements plus tard.

Supposons-nous donc en présence d'un champ à surface peu accidentée, et présentant la pente voulue pour toute espèce de drainage : le cabestan sera conduit au point culminant de la pente calculée et la machine au point opposé. (Nous ne voyons, du reste, personnellement aucune raison pour que l'inverse ne puisse avoir lieu ; mais restons dans la description simple de ce que nous avons vu.)

Le cabestan et son manége étant ainsi fixés, on pratique une tranchée à l'extrémité opposée de la ligne que doit parcourir la fouilleuse ; la profondeur est relative à celle que l'on a choisie pour la pose des tuyaux, c'est-à-dire de 0^{m} 80 à 1^{m} 50. C'est par là que se fait la première entrée du coutre dans le sol. Le chapelet de tuyaux étant préparé d'avance, un homme l'emmanche dans le talon de la taupe par le T dont nous avons parlé, en ayant soin qu'ils arrivent à l'entrée de leur futur souterrain par une pente douce, ménagée dans la partie longue de la petite tranchée d'introduction. Le câble en chanvre recouvert de laiton étant accroché à la tête de la charrue, le signal de la marche est donné et la machine s'avance silencieusement jusqu'à ce qu'elle ait parcouru les 130 à 150 mètres de distance qui la séparent du manége, à 18 mètres près. Là, une nouvelle tranchée préparée d'avance permet au coutre de sortir ; l'appareil entier est transporté ailleurs au point fixé pour le parcours d'une nouvelle ligne parallèle, allant également à un maître drain comme d'usage, et les pièces de terre se trouvent bientôt entièrement drainées, sans qu'aucune trace du travail soit laissée par la machine, qui n'a fait qu'une fente peu apparente à la terre.

M. Alfred DE MONTREUIL qui a vu aussi fonctionner cette charrue à drainer, en présence de toute la délégation du congrès central et de M. MOLL qui les accompagnait aussi alors, a cru devoir en faire un rapport au congrès de Lisieux et au comice de Gisors. Nous en extrayons les passages les plus saillants :

« La terre une fois étudiée et divisée en espaces convenables pour le drainage, dit M. DE MONTREUIL, on place le cabestan à 130 mètres environ, et en avant de la charrue.

« Les chevaux animent le cabestan, et à l'instant, la charrue s'avance, le coutre fend le sol avec une puissance irrésistible, le soc ouvre le sous-sol en le comprimant sur tout son pourtour, et traîne après lui, dans les flancs de la terre, les tuyaux juxta-posés, dont l'introduction et l'ondoiement sont facilités pour l'ouvrier chargé de cette partie du travail; après trente, quarante tuyaux introduits, on s'arrête pour raccorder une nouvelle série de tuyaux, et cela jusqu'au moment où, prêt à rejoindre le cabestan, on trouve une seconde tranchée semblable à la première. Là, on s'arrête encore; le maître ouvrier fait mouvoir l'engrenage et relève le coutre, le soc se dégage, on détache la chaînette de son œillard, et, attirant doucement les cordes successivement aboutées dans le drain, on bouche avec un peu de paille l'ouverture du dernier tuyau pour que rien ne s'y engorge; l'opération est achevée, la charrue se transporte ailleurs. »

Nous devons ajouter à cette description très-animée et très-vraie, que les bouts de cordes servant à ces raccords, sont tous terminés à chaque extrémité par une douille en fer, dans l'une desquelles l'autre peut s'emmancher à l'aide d'un simple mécanisme analogue à celui dont on se sert pour mettre la baïonnette au bout d'un canon de fusil.

Le chef ouvrier manœuvre seul l'engrenage : il est là comme le pilote à la barre du gouvernail; si le terrain est onduleux, s'il offre quelques accidents passagers, il donne au coutre une impulsion relative, et maintient ainsi le niveau et les pentes exigées. Tout cela demande un certain exercice et du tact. Toutefois, n'est-il pas féerique, ajoute encore M. de Montreuil, de suivre cette charrue silencieuse dans le travail souterrain qu'elle opère? de comprendre de l'esprit la précision mathématique de son exécution? Nous étions dans une prairie environnée de troupeaux; eh bien! quand nous avions passé sur un point, que les herbes foulées accusaient à peine, ces troupeaux paissaient paisiblement jusque sur les lèvres refermées de la plaie que nous avions faite; rien n'avait disparu dans ce pâturage. Six hommes, deux chevaux et une demi-heure, montre en main, avaient suffi pour descendre à 1m 03 sous terre 300 tuyaux qui, sans la puissance mécanique, eussent demandé une semaine de travail et bouleversé tout le sol.

Dans tout ce qui précède, il n'y a rien d'exagéré. Nous devons dire maintenant, qu'une des conditions les plus essentielles au succès de l'opération, c'est d'avoir des tuyaux de première qualité, qui puissent résister à la pression énorme qu'ils ont à supporter, jusqu'à la fin, en tous sens et de tous côtés. Ce n'est pas précisément le frottement souterrain qui les fatigue le plus, parce que le soc trace une voûte dont le diamètre est supérieur au leur, mais c'est la force de traction qui les tient constamment aboutés. En effet, le dernier tuyau est toujours tiré sur les autres par un grand T en fer qui termine la dernière corde posée ; aussi, l'ouvrier qui surveille leur entrée en terre, a-t-il soin de briser les tuyaux défectueux au moindre éclat, à la moindre fêlure, afin d'éviter les engorgements que ces accidents causeraient à l'intérieur. Ces circonstances, il faut l'avouer, empêcheront toujours qu'on puisse entreprendre de trop grandes lignes d'un seul trait, ce qui, du reste, n'est pas d'un très-grand intérêt. Aussi, en Angleterre, on ne cherche jamais à faire un drain de plus de 180 mètres.

La profondeur à laquelle on peut poser les tuyaux varie depuis 0^{m} 80 jusqu'à 1^{m} 20. Les inventeurs prétendent même qu'on peut aller à 1^{m} 50. La vitesse du travail est alors nécessairement en raison inverse de la profondeur, à moins d'une augmentation de force relative. Celle du drainage que nous avons vu exécuter n'était que de 0^{m} 80; aussi, a-t-on pu faire près de 20 mètres d'ouvrage en cinq minutes, montre en main, sans entraves de relais.

Nous avons fait fouiller à plusieurs endroits pour voir positivement l'état réel du travail ; partout nous avons trouvé les tuyaux parfaitement bien placés, les uns à la suite des autres, et peut-être même un peu trop serrés, ce qui, après tout, ne peut être un grand inconvénient, car, il faut bien se convaincre d'un fait, c'est qu'il n'est nullement besoin d'un très-grand interstice pour que l'eau puisse pénétrer dans le souterrain qu'on leur fait ainsi. Dans d'autres fouilles, faites sur des drains de la veille, nous avons vu couler l'eau en très-grande abondance. Ces diverses circonstances nous ont permis d'apprécier le fonds de terre, qui se trouvait être des plus propices à l'opération ; c'est à peine si on y rencontrait quelques silex ; mais il serait oiseux et injuste de chercher à réduire le mérite de l'invention, sous prétexte que la machine ne pourrait évidemment pas fonctionner dans les roches en couches ou en blocs, dans les poudingues trop compactes et trop résistants. Ce n'est pas, du reste, sur de pareils sous-sols qu'on a le plus souvent à agir, car la majeure partie des drainages se fait dans les terrains tourbeux, crayeux, argileux ; et alors, nous le déclarons hautement et avec conviction, la machine de MM. Fowler et Fry peut y obtenir un vrai succès, et rendre d'immenses services à l'agriculture.

Malheureusement, le prix complet de l'appareil dépasse 3,000 fr. ; et, pour en introduire l'usage en France, il faudrait que l'élan fût donné par les grands propriétaires ou les grands établissements. Aussi, nous sommes-nous associé en son temps, et de grand cœur, à la demande que M. Moll a faite d'acheter cette machine pour le Conservatoire des arts et métiers. L'administration ne peut manquer de répondre à un pareil besoin et de satisfaire l'impatience des cultivateurs qui ont vu l'instrument ou en ont entendu parler. On ne peut réellement pas nous en refuser l'expérience.

Depuis 1851, la charrue à drainer de MM. Fowler et Fry a fait ses preuves dans tous les comtés agricoles de la Grande-Bretagne ; le succès a partout justifié l'opinion favorable qui avait été primitivement émise par ceux qui l'ont vue fonctionner. C'est donc avec la plus entière conviction, sans crainte, sans hésitation, que nous en recommandons l'emploi en France, où elle ne tardera certainement pas à être introduite.

Nous savons déjà que plusieurs cultivateurs ont fait des démarches pour la faire venir ; l'administration s'est montrée favorable à leurs désirs. Pour citer un fait, nous dirons que notre confrère M. Hervaux, fermier à Courtabœuf (Seine-et-Oise), qui assistait avec nous à l'expérience que nous venons de citer, n'a cessé, depuis cette époque, de faire les demandes nécessaires pour arriver à son but. Nous sommes heureux de pouvoir annoncer que depuis peu, par suite de l'intervention de personnes bienveillantes et haut placées, M. HERVAUX a l'espoir très-fondé de voir ses projets réalisés. Une fois ce premier pas fait, le reste ira tout seul. Quand la machine de M. FOWLER aura drainé quelques hectares de terre dans le département de Seine-et Oise, où tout le monde pourra aller la voir marcher, nous ne doutons pas un instant que l'usage ne s'en répande aussitôt dans les départements voisins et, plus tard, par toute la France.

Nous ne pouvons cependant nous dispenser, à cet égard, d'adresser une prière au Comité des arts et manufactures, auquel toutes les demandes de ce genre sont renvoyées, et qui, trop souvent, refuse l'introduction en franchise de droits de douane, sous le prétexte généralement inexact qu'il n'y a rien de nouveau dans l'instrument en question. A l'avenir, nous voudrions le voir moins sévère. S'il avait dans son sein un cultivateur praticien ou un ancien élève de nos grandes écoles d'agriculture, la France agricole ne serait plus privée si souvent des instruments de culture en usage à l'étranger. Il arrive presque toujours, en effet, que les droits étant plus élevés que la chose elle-même, on se trouve rebuté et on abandonne l'acquisition. C'est ce qui est arrivé au directeur de la Compagnie agricole de Bresles pour une grande bineuse à céréales notamment. C'est ce qui arrive encore en ce moment à M. DE CROMBECQUE pour un instrument qui coûte, en Belgique, 150 fr., et pour lequel on lui demande 180 fr. de droits de douane. Si quelquefois on a eu raison de refuser de pareilles autorisations pour protéger nos fabricants, nous maintenons qu'en général, pour les choses peu ou pas connues, on devrait se montrer plus libéral. La culture paie assez d'impôts pour avoir droit à une efficace protection; or, c'est en facilitant, le plus possible, l'introduction en France des intruments perfectionnés, qu'on pourra mettre notre pays à même de lutter et de franchir la distance qui, quoi qu'on en dise, le sépare de ses voisins d'Angleterre ou de Belgique.

Quand ce résultat sera obtenu pour la machine Fowler,

le drainage se généralisera bien vite. Ce qui rebute le plus aujourd'hui les propriétaires et les fermiers, c'est la difficulté de se procurer les escouades nécessaires d'ouvriers tout dressés, sachant et pouvant exécuter, avec économie, des travaux de ce genre *à la tâche* ou *à forfait*(1). Chacun veut savoir ce qu'il dépense, c'est bien naturel; or, avec les ressources et les connaissances actuelles, c'est difficile. Avec la machine, au contraire, les difficultés s'aplanissent, les prix diminuent, les ouvriers se forment en plus grand nombre, la durée du travail est abrégée, et le progrès se fait rapidement, sans effort et sans qu'on s'en soit aperçu.

Cette amélioration une fois accomplie, il nous restera à en demander une autre qui doit, pour ainsi dire, la précéder : c'est celle de la fabrication des tuyaux sur une plus grande échelle et sur un plus grand nombre de points. La preuve la plus évidente que nous puissions donner de la vérité de cette remarque, c'est que, dans ces derniers temps, le drai-

(1) Depuis peu, il vient de se monter à Paris un établissement que nous signalons à l'attention des propriétaires et des cultivateurs. Il répondra, nous l'espérons, au vœu que nous émettons précisément ici. MM. CHAUVITEAU et CAMPOCASSO, anciens élèves de Grignon et ingénieurs civils, entreprennent, à leurs frais, à tâche et avec garantie, des travaux de drainage sur tous les points où ils sont appelés. Nous en avons vu tout récemment, en voie d'exécution, à la ferme de Vauluisant (Yonne), où, depuis 15 ans, M. Léopold JAVAL ne néglige rien de ce qui peut être utile à sa propriété et à l'enseignement de sa contrée.

La manière dont procèdent ces Messieurs nous semble la meilleure. Les points à drainer étant reconnus, ils conviennent d'un prix pour une surface donnée et ne demandent le paiement de leurs travaux qu'après complet achèvement, et alors que les bons effets de l'opération se sont fait sentir.

L'un de ces Messieurs a dirigé longtemps les travaux de drainage que M. DE ROTHSCHILD a fait faire à Ferrières; nous pensons donc qu'il est dans de bonnes conditions pour mener à bien ceux qu'il entreprendrait pour d'autres particuliers. Le drainage est pour nous une opération si essentielle, si capitale, que nous ne négligerons jamais une seule occasion de le populariser et d'en favoriser l'extension. C'est dans ce but que nous n'hésitons pas à recommander ces Messieurs au public agricole, persuadé qu'ils peuvent lui rendre de grands et utiles services.

Chaque fois que nous saurons une entreprise analogue, et nous en désirons le plus possible, nous nous empresserons également de la signaler à l'attention des personnes que cela peut intéresser.

nage a déjà fait tant de progrès, que presque toutes les fabriques qui établissaient des tuyaux, ne peuvent plus suffire aux demandes. Cet exemple doit servir d'encouragement à ceux qui s'occupent de fabriquer des tuiles, des carreaux ou des briques, métier peu lucratif par lui-même, depuis surtout que le parquetage à la mécanique fait au carreau une rude concurrence. Que l'industrie privée se mette donc à l'œuvre ; elle n'aura pas à s'en repentir. Déjà M. VINCENT se loue beaucoup des transformations qu'il a fait subir à son établissement, et la fabrique montée par M. DE ROTHSCHILD, qui, en la créant, n'a point voulu faire une spéculation, lui a cependant procuré quelques bénéfices. Tous les tuiliers peuvent en faire autant ; ils n'ont qu'à aller visiter les endroits que nous venons de citer, on ne leur refusera pas les renseignements qui leur seront nécessaires : c'est un bon conseil que nous croyons devoir leur donner.

Nous ne pouvons terminer ce travail sans mentionner tous les efforts que depuis longtemps l'honorable M. GAREAU, député au Corps législatif pour l'arrondissement de Meaux et membre de la Société impériale et centrale d'agriculture, a faits pour importer et propager le drainage. Grâce à lui et aux habiles ouvriers qu'il a su former, le canton de Mormant, près Melun, est doté d'une importante manufacture de tuyaux à drains. Nous engageons les propriétaires qui veulent suivre son exemple, à visiter sa belle propriété de Bréau ; ils y verront des terres qui, à peu près incultes avant le drainage, rapportent aujourd'hui de fort belles récoltes.

Il nous reste maintenant une chose assez importante à signaler encore sur cette question capitale du drainage, c'est le besoin absolu d'une législation analogue à celle qu'on demande depuis si longtemps sur le régime des eaux. Les difficultés sont même bien moins grandes ici et, par conséquent, plus faciles à lever. Que faudrait-il, en effet ? ce serait de pouvoir prendre les pentes où et comme on les trouverait. Avec le drainage, on ne peut jamais faire le moindre mal au voisin, auquel il faudrait demander passage. Au contraire, on lui ferait plutôt du bien, puisque les conduits qui seraient pratiqués chez lui ne feraient pas perdre un pouce de terrain, et rendraient le sol qui lui aurait été emprunté meilleur, jamais plus mauvais tout au moins, qu'il n'aurait pu l'être auparavant. Les temps sont passés où la mauvaise volonté ou l'ignorance pouvait empêcher le progrès de se faire. Replaçant donc les choses dans l'ordre naturel où nous voudrions les voir arriver, demandons avec confiance l'étude de cette question et la législation qui devra nécessairement la suivre. On ne nous refusera pas ensuite les tuyaux qui nous manquent et la machine à drainer que nous venons de vous décrire.

C'est dans cet espoir que nous avons l'honneur, Messieurs, de vous proposer de nous joindre officiellement à M. Moll, pour appuyer la demande qu'il a faite au Conservatoire des arts et métiers, et qui sera certainement agréée. Vous aurez ainsi, dans les limites de vos forces et de vos moyens, concouru, autant que possible, à faciliter les progrès généraux de l'agriculture, sans lesquels il n'y a point de prospérité nationale réelle et stable ; car, vous le savez tous, Messieurs, *le sol, c'est la patrie*. Le pays que nous venons de parcourir, bien que sa position géographique ne le place pas dans des conditions aussi favorables que le nôtre, pratique à un très-haut degré les principes qui découlent de cette belle et patriotique devise, qui est et sera toujours la nôtre, et que les cultivateurs doivent tous adopter avec orgueil.

Si la relation de notre voyage peut contribuer à faire faire quelques progrès à la science ou à la pratique agricole, nous serons heureux de l'avoir entrepris : c'est le seul but que s'est proposé la commission de la Société d'agriculture de Meaux, et c'est la pensée qui a constamment encouragé son rapporteur.

Auguste JOURDIER.

TABLE DES MATIÈRES.

TABLE DES GRAVURES.

www.ingramcontent.com/pod-product-compliance
Ingram Content Group UK Ltd.
Pitfield, Milton Keynes, MK11 3LW, UK
UKHW012108240726
13965UKWH00004B/1620